手绘·意

室内空间手绘表现技法

SHINEIKONG
JIANSHOUHUI
BIAOXIANJIFA

甘　亮　张宇奇　著

辽宁美术出版社

图书在版编目（ＣＩＰ）数据

手绘：意 室内空间手绘表现技法 / 甘亮，张宇奇
著. -- 沈阳 ： 辽宁美术出版社，2012.7
ISBN 978-7-5314-5126-6

Ⅰ．①手… Ⅱ．①甘… ②张… Ⅲ．①室内装饰设计
－建筑构图 Ⅳ．①TU204

中国版本图书馆CIP数据核字 (2012) 第115792号

出 版 者：辽宁美术出版社
地　　　址：沈阳市和平区民族北街29号　邮编：110001
发 行 者：辽宁美术出版社
印 刷 者：沈阳市博益印刷有限公司
开　　　本：889mm×1194mm　1/16
印　　　张：8.5
字　　　数：200千字
出版时间：2012年8月第1版
印刷时间：2012年8月第1次印刷
责任编辑：王　楠
封面设计：洪小冬
版式设计：洪小冬　王　楠
技术编辑：徐 杰 霍 磊
责任校对：黄　鲲
ISBN 978-7-5314-5126-6
定　　　价：48.00元

邮购部电话：024-83833008
E-mail:lnmscbs@163.com
http://www.lnpgc.com.cn
图书如有印装质量问题请与出版部联系调换
出版部电话：024-23835227

序
preface

>>> 不可否认，目前国内绝大多数设计公司对于室内设计的构思、创意的体现主要以电脑效果图的形式为主，尤其是在与业主（甲方）沟通时，往往以精美甚至夸张的绚丽电脑效果为敲门砖，形成了企业之间更加关注通过PK电脑效果图来揽生意的局面。这种形式无可厚非，关键是会影响设计师们将更多的精力放于对所谓细部材质贴图的纠结之中，而少了更多探讨功能、形式、风格以及文化传承等核心创意内容的时间。

>>> 其实，效果表现应是展示设计师创意理念的基本手法，它应该是设计师与甲方沟通过程中的辅助手段，手绘表现效果图便是极好的形式，相比于电脑效果图，它更为实际高效而充满艺术韵味。然而，电脑效果的泛滥，使得许多设计师低估了手绘的价值，也忽视了在手绘表现过程中给予设计创意带来的灵感动力。欣慰的是，越来越多的年轻学子开始关注手绘的重要，他们及时从国际级设计大师那里嗅到手绘的魅力，认真踏实地学习手绘技法，将手绘变成促进创意的辅助手段，学习目的更加清晰。

>>> 基于此状，甘亮和张宇奇的这本手绘技法教材便显得更有实际意义，也定会对喜爱手绘、学习手绘的年轻人有切实的帮助。

杜肇铭：广东商学院艺术学院副院长 教授

前 言

preface

>>> 随着现代社会的发展，设计充斥着我们的日常生活，同时，设计方法和手段也发生了巨大的变化，电脑效果图正逐渐地替代手绘效果图。但是，作为一种传统的设计表现手段，手绘效果图仍保持着它独有的地位。虽然电脑效果图可以将设计的效果表现得更真实、更有视觉效果，但是手绘效果图却可以将设计师的瞬间创意灵感快速地记录下来，更好地向人们传递设计师的思想、理念以及情感。因此，手绘效果图往往更能体现设计师所具有的精湛的设计能力、绘画基本功和艺术修养。

>>> 手绘效果图不仅仅是传递设计信息的一种媒介，也是设计师设计灵感的表现、综合素质和专业能力的集中反映，是每一个设计师所必须掌握的设计语言。在室内设计项目和教学实践中都发挥较大的作用。在环境艺术设计发展中，手绘效果图显得非常重要，起到举足轻重的地位。

>>> 本书主要以马克笔手绘表现为切入点，综合运用水彩、彩色铅笔等其他表现技法，从手绘效果图基础着手，综合地对手绘效果图构思、基本技法、配景变现、室内空间步骤表现等进行详细的解析。通过实际的案例分析，使读者认识到如何将手绘效果图灵活地运用到实际设计项目中。

>>> 本书可作为环境艺术设计、建筑设计、景观设计专业师生和业界设计师的参考书，也可作为高等院校相关专业的参考教材。

目录
contents

第一章

概论

第一节　手绘效果图的基本概念及分类

　　设计是一门综合的艺术，是随着人类社会的进步发展起来的，也是我们生活中不可缺少的。而手绘效果图是表达设计的重要的方法，是设计师将抽象概念转化成视觉语言不可或缺的重要一步。当然，设计师也会通过这种视觉化的过程体会喜悦和满足。

　　围绕室内空间展开的手绘效果图是以室内空间的实施为主要目的的，因此手绘效果图也更具有专业性和实用性，很多设计师的工程能够顺利实施，也是起始于手绘表现。

别墅餐厅表现

别墅餐厅表现

第一章　概论

一、手绘效果图的概念

手绘效果图通过绘画的方式，快速、形象、直观地传达出作者的设计意图、设计理念以及空间的意向，引导观众感知和体验空间效果，是从事建筑设计、环境艺术设计、展示设计等专业所必须掌握的一门能力，也是设计师与业主或同行交流的重要的工具之一；手绘效果图往往以快速的特点深受业内人士的欢迎；手绘效果图作为一门集中绘画艺术和工程技术的综合学科，也是环境艺术设计专业的学生必修的专业课程之一，手绘效果图表现相关课程的设置在全国美术院校已经非常普遍了。

国内手绘效果图多以马克笔作为表现工具。马克笔作为当前业界常用的手绘工具之一，它既可以快速表达出作者的设计构思，也可以深入地刻画表现色彩丰富的具体的效果图，深受广大设计师、高等院校的师生的欢迎。也有人喜欢把马克笔与水彩或彩色铅笔一起使用，往往也会得到较好的效果。

二、手绘效果图的分类

由于手绘效果图具有极强的自身特点，工具的选择对手绘效果图也很重要。手绘效果图可以分为钢笔手绘效果图、马克笔手绘效果图、彩色铅笔手绘效果图、水彩手绘效果图、彩色水墨手绘效果图和综合性表现手绘效果图六大类。

别墅客厅表现

别墅客厅表现

别墅客厅表现

1. 钢笔手绘效果图

钢笔手绘效果图以钢笔线条单色为主，通过线条结合、线面结合和光影结合等，不仅能够清晰地表现出空间的结构特点，空间的细节也同样可以表现得清晰准确。钢笔手绘效果图的特点是不易更改，所以对绘图者的绘画基本功和艺术修养要求较高。要想画出优秀的钢笔手绘效果图作品，就要多画、勤画、多思考、多总结，只有经过长期的反复练习和积累，才能够轻松自如地表现出准确的空间效果。

2. 马克笔手绘效果图

马克笔手绘效果图是最常见、最常用的手绘效果图的表现形式，特点是可以快速地表现颜色丰富的空间画面效果，容易刻画出画面的精彩细节。同时，马克笔用笔也比较随意。

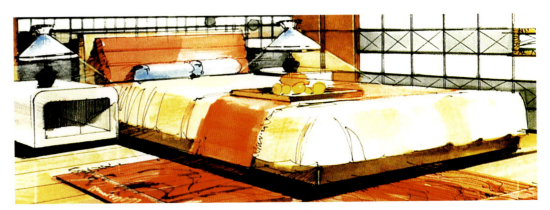

卧室细节表现

欧式客厅表现，画面运用了大量的曲线表现空间的结构和质感。

作者：刘志伟　餐饮空间表现

3. 彩色铅笔手绘效果图

彩色铅笔的特点是携带方便，技法较容易掌握，画出的效果与铅笔的效果相近似，笔触较细腻，颜色多种多样。水溶性彩色铅笔具有一定的透明度，画面效果也容易控制，绘制速度较快，容易表现空间细腻的效果。彩色铅笔也可以与马克笔结合使用，特别是在后期统一画面效果时，可以刻画出更加丰富的画面效果。

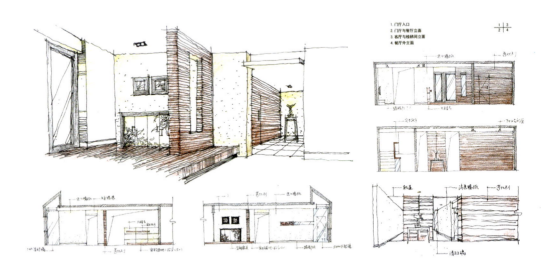

彩色铅笔手绘效果图家装设计方案

4. 水彩手绘效果图

水彩手绘效果图表现的空间给人透明和流畅的感觉。水彩的特点是当颜色和颜色叠加的时候，下层的颜色也会透上来，形成更为丰富的效果。所以水彩手绘效果图的表现力较强，容易表现出丰富多彩的效果。

室内公共空间表现

室内公共空间表现

室内公共空间表现

5. 彩色水墨手绘效果图

彩色水墨表现效果类似于中国的水墨画，用单色表现空间的意境。

欧洲皇宫内部空间表现

6. 综合表现手绘效果图

对于手绘效果图来说，一种工具往往有一定的局限性，有时很难表现出丰富的效果。但当两种或多种工具结合运用的时候会出现更好的效果，如钢笔与马克笔一起使用，钢笔、马克笔与彩色铅笔一起运用，钢笔、马克笔与电脑一起结合使用，都会得到意想不到的效果。

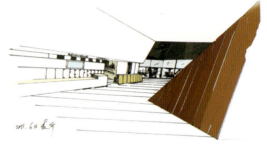

作者：刘超   作者：麦介桢　学生作品

第二节 手绘效果图的作用及意义

　　手绘效果图是设计者进行设计构思的重要手段，设计者在将创造性思维形象化的过程中，手绘效果图充当重要的角色，设计者应该具有较好的手绘能力和空间想象的能力，以便于完成设计的快速表现，完成室内空间的透视、形色、质感和空间的塑造，在视觉上引起人们的共鸣。但手绘效果图和传统意义的绘画还有所不同，绘画主要是艺术家为了表达自己的观念和情感，在一方画纸上创造自己的世界。手绘效果图往往会客观地表现甚至是美化所表现的空间，往往更多地追求艺术感染力和视觉效果，在透视和比例的准确性方面的要求也很高。

　　很多时候，室内设计师在进行方案讨论和推敲的过程中，需要图解沟通，互相启发，室内设计师确定方案前需要与甲方、工程公司的相关负责人交流探讨；或者在推销设计方案时和客户建立良好的沟通。

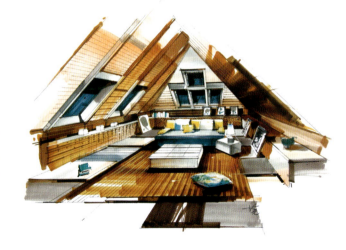

展示柜和衣服的表现画法，画面非常轻松，疏密得当，松紧有度。

第三节　手绘效果图的工具及特点

　　手绘效果图的表现形式和手法有很多，对工具也有不同的要求。在正式学习手绘效果图之前，我们应该熟悉和了解手绘效果图的工具，以及不同工具表现出的效果图的特点，以便在我们的日后学习中灵活应用。

一、手绘效果图的工具

1. 铅笔

　　铅笔是手绘效果图中最普遍使用的工具，常常用在手绘效果图草图制作、起稿等阶段。铅笔根据不同的硬度可以分为"软性铅笔"和"硬性铅笔"。"软性铅笔"包括B—8B等类型，特点是颜色较重；"硬性铅笔"则包括H—6H等类型，特点是颜色较轻。除此之外还包括中性HB类型的铅笔。通常在练习中常用2B型号的铅笔。

以铅笔为工具的表现图　　　　　　　　　以铅笔为工具的表现图

以铅笔为工具的表现图

2. 自动铅笔

自动铅笔的特点是铅芯较细，多用于手绘效果图方案草图和草图制作，以及起稿等阶段中的对画面进行细致的勾画。

3. 钢笔

钢笔是手绘效果图中勾线的主要工具，常用于手绘效果图起稿之后确定方案阶段。钢笔往往又分为普通钢笔和美工钢笔，普通钢笔画线条便于画出刚劲有力的线条；美工钢笔的笔头扁平，画出的线条可以粗线和细线灵活地结合，表现力较强。钢笔的特点是可以清晰地表现出空间及其陈设品的结构和质感，对钢笔的要求往往是出水要流畅。

4. 马克笔

马克笔也称麦克笔，是英文"Marker"的音译，有记号的含义。目前市面中的马克笔种类越来越多，如韩国的Touch、日本的美辉等品牌很常见。通常马克笔分为水性马克笔和油性马克笔两类，其中水性马克笔可溶于水，用水笔在上面涂抹可产生水彩的效果，颜色较透明亮丽，反复叠加色彩会变灰。一般着色顺序是先浅后深。对于初学者来说，50支左右的马克笔可以满足一般手绘要求。

简约现代客厅表现图

5. 彩色铅笔

彩色铅笔是手绘效果图中比较简便的、方便携带的并且又很容易出效果的表现工具。市面上的彩色铅笔往往有18色、24色、48色等不同类型的。水溶性彩色铅笔可以更好地弥补马克笔的不足，因此也更适合手绘效果图。

6．水彩

水彩也是手绘效果图的常用工具，特点是容易画出艳丽的色彩，相对马克笔来说水彩的透明度更好，比较适合空间效果的表达。

7．涂改液

涂改液也被称为修正液、改正液，是一种白色不透明的颜料，在手绘效果图中可以起到很好的遮挡作用，适合表达材质的高光、水体等，往往会起到渲染空间气氛等作用。

涂改液表现光线效果

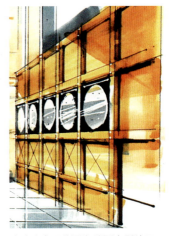

涂改液表现镜面和地面光影效果

8. 直尺、平行尺

直尺和平行尺适合绘制一些较长的线条，运用直尺和平行尺绘制的线条均匀、有力，尺上的刻度也可以起到测量的作用。运用直尺和平行尺画线条的缺点是线条容易过于理性，偏机械味。

9. 纸张

复印纸、素描纸、速写本、硫酸纸等。在手绘效果图中，A4和A3型号的普通复印纸也是常用的，特点是价格低，适合大量练习时使用。

二、手绘效果图的特点

手绘效果图是现代从事室内设计及景观设计的必备技能之一，是设计者表现创作意图和内涵的重要手段，具有以下特点：

1. 手绘效果图表现速度较快，工具携带方便，是设计师与客户或同行沟通的最有效的工具之一。设计师往往可以很快地记录下自己的想法，以便更好地推敲，可能是几分钟或是一两个小时，快速画图和快速修改是手绘效果图的特点之一，也是电脑效果图无法达到的。

2. 手绘效果图也同样存在图解说明的功能，可以让识图者能够通过所画以及旁白注释等，清晰和准确地领悟设计者的设计构思和设计理念。

作者：麦介桢　学生作品

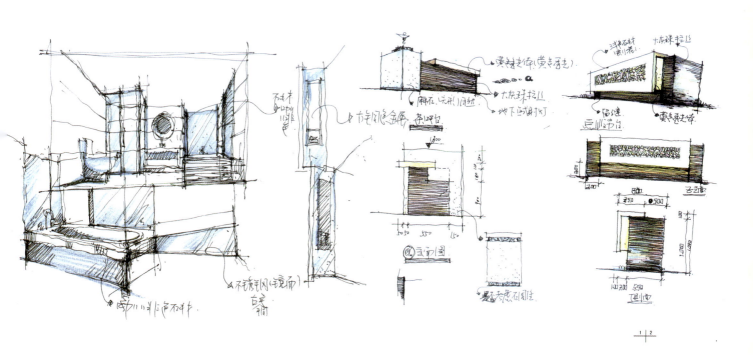

作者：彭文清　中南林业科技大学教师　1.客房卫生间　2.服务台与知客台

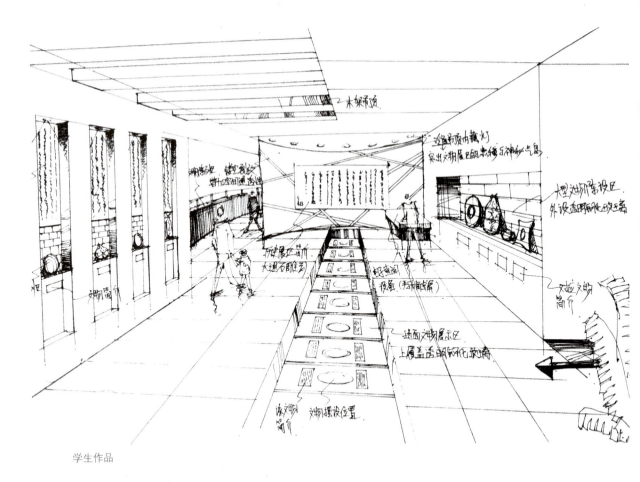

学生作品

　　3. 手绘效果图容易表现空间丰富的效果，可以提高设计者的造型能力及审美能力，提高对空间的理解。

第四节　作品鉴赏

作者：刘志伟

作者：柏影

第二章

手绘效果图的基
本技法

第一节　点、线、面的特点及运用

　　手绘效果图中的元素是由各种各样的点、线、面组成的，它们是构成画面的最基本、最主要的元素，也是设计师必须掌握的图形语言；它们看似简单，但合理组织在一起却可以达到千变万化的效果。手绘效果图作为一种艺术表现，点、线、面都具有不同的个性特征，它们能否运用得当关系到整幅画面的美感。

一、点

　　作为细小的痕迹的点，具有大小、形状、色彩、肌理等造型特点。点在手绘效果图中有多种表现形式，不同形态的点给人不同的视觉感觉，比如在画线条时带出的点，用马克笔带出的点，用涂改液提出的高光点等。手绘效果图中的点具有很强的向心性，能够形成视觉的焦点，提示空间的位置，提升空间的气质和氛围。但是，运用不恰当的点也会给画面带来消极的影响，比如手绘效果图杂乱无序等。

第二章　手绘效果图的基本技法

二、线

　　点运动的轨迹构成了线，线是手绘效果图中重要组成部分，是手绘效果图的基本组成要素。在一幅手绘效果图中，如果没有线的支撑，形体缺少了结构，也将是失败的作品。手绘效果图中的线可以准确地表达室内空间中的结构。疏密得当、表达准确的线也是一幅好的手绘效果图的前提。轻松、优美的曲线运用，可以使画面轻松活泼，富有节奏感和韵律感；刚劲有力的直线可以使画面清楚明晰，富有男人的力量感。

三、面

扩大的点构成了面。在形态学中，面同样具有大小、形状、韵律等造型特点。面是构成空间效果图的重要元素之一。空间离不开面，陈设品也是由面组成，面主要分规则面和不规则面两种形式。

注意家具和光影利用明暗的区分，分出不同的面。

第二节　透视的运用

　　透视是将平面转化为立体的最重要而有效的途径之一，是手绘效果图表现的重要基础，是学习手绘效果图不可逃避的一个问题。透视也是一种科学，由完整的科学体系支撑，掌握创建室内空间的透视画法，通过透视绘图表现出室内空间的设计主题和内涵。在透视中，一点透视、两点透视和简易成角透视在室内中比较常见，而三点透视更适合建筑及景观效果图的表现。学习好透视要经过长期的、大量的练习。只有熟练地掌握透视的方法和特征，才可以轻松自如地将透视方法运用到画面中。

一、一点透视

　　一点透视又称"平行透视"，是一种最常见、最常用的透视方法。一点透视的原理一般较简单，往往只有一个消失点，主要特点是所有的水平线与水平线平行，所有的垂直线与水平线垂直。一点透视往往给画面稳重、端正的效果，但运用不当也容易给人呆板的感觉。从学习的角度来看，一点透视是一种容易掌握的透视方法，是学习其他透视方法的基础和前提，运用一点透视可以得到完整的表现空间效果。

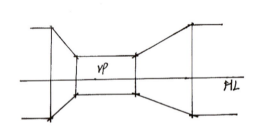

一点透视

作者：麦介桢　学生作品

二、两点透视（成角透视）

两点透视又称成角透视，是一种表现力较强的透视方法，可以较真实地表现空间的效果。两点透视中有两个消失点，故其表现效果较生动耐看，效果也比较接近真实效果。但从学习的角度来看，两点透视比一点透视要复杂。

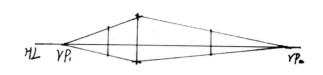

两点透视

两点透视中有一种情况比较特殊，它的一个透视点在画面中，但另一个消失点却消失在极远处，这时它看起来很像一点透视，但却没有一条边与画面平行。这种透视也叫一点斜透视。

三、三点透视

三点透视的特点是在画面中有三个点，适合建筑效果图表现，表现大的场景也具有突出的效果。三点透视的透视效果极强。

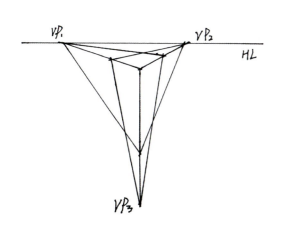

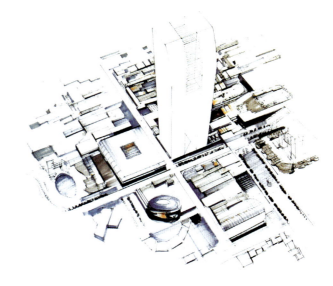

三点透视

作者：许可先　学生作品

第三节　手绘效果图线稿的表现

一、线条表现（包含室内陈设与空间的表现）

手绘效果图是由各种各样的线条组成的，线条是构成手绘效果图的最基本元素之一，是组成室内空间造型和结构的基础，也是手绘效果图能否成功的关键。徒手画线也是设计师手绘基本功的体现和条件，只有经过大量的练习，才能够掌握熟练的徒手画线能力。

线条按照形态可分为直线、斜线、曲线和波浪线等。

1. 直线：直线是手绘效果图中应用最广泛的一种线条，也是初学者应该尽快掌握的一种技法。画直线时，手要尽量稳，明确直线的起笔和收笔，在起笔和收笔时略微顿笔，形成完整清晰的线条，在练习时可从慢到快练习。

2. 曲线：曲线也是手绘效果图的一项重要的基本功，画曲线时应尽量做到圆润光滑，给人优美流线的感觉。

3. 波浪线：波浪线是曲线练习的一种延伸，是一种基本练习。

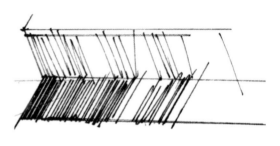

直线

曲线

波浪线

二、线面表现（包含室内陈设与空间的表现）

线与面往往是同时存在的。线面结合，即以线为主，概括色块，强有力地表现空间效果。线面结合表现可以提高用线能力、空间的层次、面面空间关系及黑白灰的层次关系。

三、光影表现（包含室内陈设与空间的表现）

　　室内空间往往受自然光和人工光两个方面因素影响，光影的运用对室内空间气氛的烘托、质感的表现和空间感的建立都起到了重要的作用。在实际手绘效果图中，往往可以根据光影的走向用笔。

第四节　手绘效果图技法训练

一、手绘效果图中的笔触分类

1．平涂

墙面的处理不需要太多的变化，同一支马克笔进行反复平涂。

大、小笔触的变化与结合。

2．碎笔触

3．笔触叠加

4．"之"字形笔触

二、色彩的混合叠加效果

马克笔的颜色是多种多样的，但有时也满足不了丰富多彩的画面效果，所以在画图过程中，可以将马克笔的色彩相互混合叠加达到更加丰富的效果和变化。

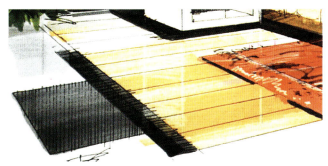

颜色的叠加可以先从浅色开始叠加，逐渐加深色彩的深度。通过颜色的叠加表现出地板的质感。

叠加中尽量少运用冷暖色的叠加。

三、材质的表现

材质表现得好坏直接影响画面的真实程度，材质可以更好地表现出画面的效果以及设计师的设计意图，是手绘效果图中不可忽视的组成部分。材质的表现是很多初学者都很头疼的，很多人以为材质的表现要真实而又写实地还原生活中的材质，但其实不然。

木质家具表现画法。

写实的欧式家具材质、地面材质表现画法。

不同家具和陈设品结合一起的材质表现。

陈设品的材质表现。

电视背景墙的大理石表现画法。

玻璃的材质表现通过钢笔斜线和涂改液斜线的处理，表现出玻璃的通透感。

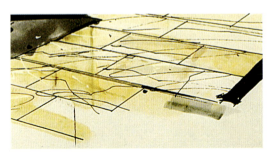

地面石材表现画法。

立面材质表现画法。

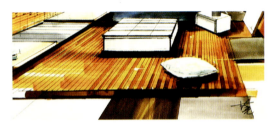

木地板的表现画法。

红色地毯的表现画法。

陈设品和家具结合一起的材质表现。

木材和鹅卵石的表现画法。

第五节　作品鉴赏

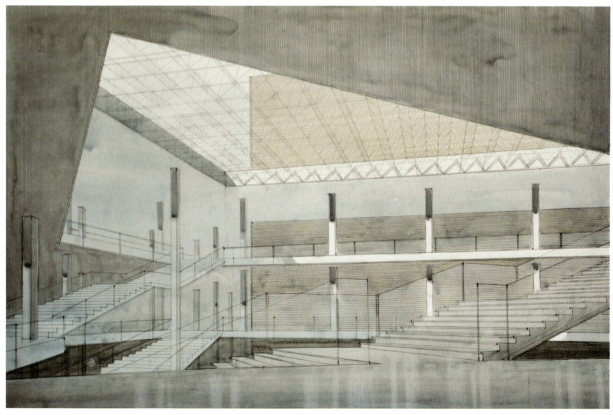

第三章

手绘效果图的
方法步骤

第一节　手绘效果图的观察方法

手绘效果图往往是设计师在进行艺术创作时，以客观事物为依据从而进行刻画的一种绘画表现形式。往往在进行手绘效果图训练时，表现对象的造型、结构、材料、空间比例关系也要格外注意，好的立意是手绘效果图的基础。

一、意在笔先

意在笔先原指在画画中先立意而后下笔，也是手绘效果图所遵循的基本规律之一。在手绘效果图中，往往要求绘图者在动笔前先对整幅画面有个整体的思考和想法，绘图者的想法不同，表现重点不同，都会直接影响最终画面的格调，所以，在绘制手绘效果图之前要进行整体布局，对画面的构图、主次、黑白灰等都应该有所思考，做到心中有数。

二、整体观察

整体观察是从所观察对象的全貌来认识和把握对象，可以从整体出发，在构图、色彩和结构等方面表现时都要以大局为重，保持画面的整体效果。当然在统一中也要寻找一些变化，变化中以统一作为大的原则。

作者：郑卜洋

三、局部刻画

在整体观察的基础上应考虑局部刻画。局部刻画往往也是建立在整个画面透视准确、结构合理的基础上，更加深入地表现对象的结构、空间和细节。往往局部刻画考验绘图者的绘画基本功、审美能力、深入能力和对画面整体布局和控制能力。在局部刻画中，要控制好整体画面关系，包括主次、明暗、黑白、虚实、节奏、韵律等，这样也为了深入地刻画打下良好的基础。

这是卧室床头的细节表现，整个色调以暖色调为主，暖黄色的灯罩以及黄色床头实木的搭配渲染了温馨的气氛，冷色的抱枕活跃了画面的气氛。

这是书架一个角落的细节刻画，表现手法轻松自如，透视准确，细节表现细致到位。书柜中每组书和静物搭配得疏密得当，协调统一。

这是窗边小景的细节表现，虚实对比得当，画面洒脱。

吊灯的细节刻画也非常精彩，灯罩的光感极强，特别是最后用涂改液在灯罩上面画上几笔，可谓点睛。

整个细节处理得当，冷暖对比协调统一，装饰品的刻画也非常精彩。

画面的线条刻画得极其准确，色彩凝重潇洒，明暗对比得当，特别是座椅、坐垫、餐桌和杯子的材质表现，非常到位传神，尤其是坐垫的柔软和布艺的质感。

这是沙发组合的细节表现图，作品很好地表现了客厅的氛围，冷暖色彩的跳跃感很强，但却给人非常统一的感觉。

第二节 手绘效果图的取景与构图

构图是根据主题要求和表现意图的需要，将要表现对象的各部分进行有序的组织，最终形成完整的画面。构图往往也要遵循绘画的基本原则，即主次分明、疏密得当、对比协调、节奏韵律等基本的审美原则。手绘效果图中构图的目的在于在平面中如何处理好三维空间的关系。一幅好的手绘效果图作品，构图所占的比例也是非常大的，成功的手绘效果图要达到画面中整体和形式的和谐统一，可以使作品的主题突出，主次分明。

构图的重要因素之一是取景，是在构图前要考虑的问题，取景是找寻合适的角度以求达到最佳的空间视觉效果。在取景中要明确作品的表现内容和范围，寻求最合适的角度，并确定所选角度应通过何种透视方式表现，取景主要考查作者的形象思维能力。

每一种构图都有自己的优点，在学习手绘效果图的过程中应灵活处理，将各种构图方式融会贯通，组成具有美感的统一画面。

手绘效果图中常见的几种构图形式

1．横向构图

横向构图即画面横向展开，对所要表现的空间进行横向刻画，在横向构图中要注意画面空间关系和虚实关系，处理不当容易使画面平均。

总统故居

2. 纵向构图

纵向构图的方向是自上而下或自下而上的。

作者：柏影

总统故居

3. 对角线构图

对角线构图可以使画面活跃，动感较强。

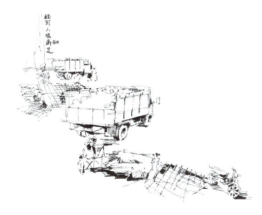

作者：郑卜洋

4. X形构图

X形构图往往可以很好地表现出画面的空间感和透视关系，低角度的视点可以对顶部界面有很好的表现，高角度视点的构图可以更好地对底部界面表现。

总统故居

总统故居

5．黄金分割构图

6．突出主题构图

注意色块在画面中的构成，虽然着墨不多，但却为空间层次的表现起到至关重要的作用。

第三节　手绘效果图的写生步骤

　　手绘效果图是艺术表现的一个门类，写生对艺术表现手法和表现技法的提高都是很重要的，对空间体量和结构的感受也很重要，也同样可以快速地提高手绘效果图的表现能力。写生对初学者来说，是一种见效较快的方法。手绘效果图写生是通过对现实空间的表现，来训练对空间的结构、透视和画面的归纳能力。在手绘效果图的写生过程中，可以主观地处理画面，很多时候也不可能表现得面面俱到，取舍对于手绘效果图也是非常重要的，可以使作品具有更多的创造力，为从写生过渡到创作做好准备。

案例一、中式茶室写生步骤

步骤一：选择一处空间结构关系明确、家具陈设清晰的空间，根据现有的实景空间画出线稿。在线稿的绘制过程中，首先要注意选择合适的角度进行构图，好的构图对画面的整体影响是非常大的，该案例中是运用两点透视的方法进行构图的。在线稿的绘制过程中，要注意结构合理，透视准确，线条流畅。可以通过线条的疏密、节奏和明暗关系来表现茶室的空间感。

步骤二：在马克笔上色前，要整体观察，即通过分析确定画面的色彩基调。根据画面的整体色调和明暗变化，画出家具的暗部色彩。木色的沙发可以通过同一色的马克笔反复叠加来表现光影、质感和明暗效果。

步骤三：对室内空间的界面和部分陈设品进行上色，上色过程中注意光影变化、色彩明暗变化和冷暖变化，注意画面的层次感，并且时刻保持画面整洁。

步骤四：继续画出陈设品的细节，细节可以提升空间的精细程度。

步骤五：对画面进行深入刻画，补充投影部分，强化不同材质的质感，并对画面进行最终的统一调整。这一步往往是很关键的，对画面的刻画程度也反映了作画者的基本功。

步骤一

步骤二

步骤三

步骤四

步骤五

案例二、中式客厅写生步骤

步骤一：根据现有的实景空间找到合适的角度进行画面构图。注意画面的主次关系。

步骤二：从沙发、茶几等木质家具的暗部着手进行上色，要注意画面空间感的营造。

步骤三：继续对画面主体沙发、茶几进行刻画，带出周边环境背景。

步骤四：表现界面材质，并与画面主体色彩呼应。

步骤五：整体深入调整，刻画细节。

步骤一

步骤二

步骤三

步骤四

步骤五

第四节　作品鉴赏

范例一：次卧表现步骤图

范例二：欧式起居室表现步骤图

第四章

手绘效果图的配
景练习

　　配景是组成手绘效果图的主要构成元素，能够有效地体现环境特征和季节特征以及对空间氛围的塑造和画面效果的丰富，也是很有必要的一种表达方式。配景在手绘效果图中占有较大的分量，例如家具单体、家具组合、人、植物等，这些配景能否熟练地表现对手绘效果图也是非常重要的。

　　以下是手绘效果图中常用的一些配景，包括一些钢笔线稿配景、铅笔线稿配景和马克笔上色配景，其中，钢笔线稿配景可以清晰地表现出对象的结构特征，铅笔线稿配景可以更好地表达空间感、质感和氛围，彩色效果图可以更加真实而艺术地还原空间的状态，我们可以先熟悉这些配景。

第一节　家具单体

　　家具单体是组成环境艺术设计手绘效果图中最基本的元素单元，特别在室内空间中也很常用，人们在日常生活中也离不开家具。家具包括沙发、座椅、床、书桌和衣柜等，形式往往是多种多样。家具往往也是一幅手绘效果图的中心焦点，在手绘效果图的家具单体表现中，准确的透视和结构以及空间感的表现和线条的处理都是很重要的，有些线条也能够很好地表现出家具的质感。

　　1．钢笔线稿

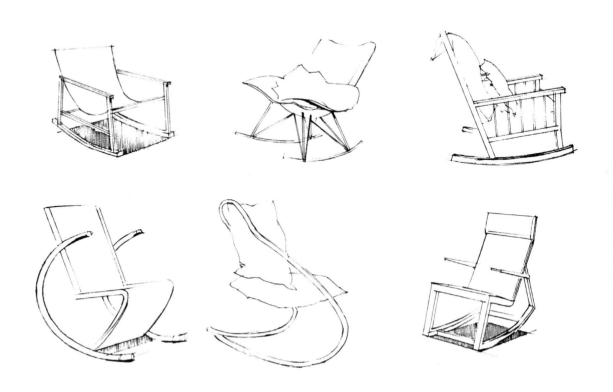

2. 铅笔线稿

3. 彩色效果图

第二节　家具组合

　　家具组合是室内空间手绘效果图较重要的组成部分，能否画好家具组合也关乎整个室内空间能否合理表现，家具组合的透视较之家具单体要更难把握一些，初学者更应勤加练习，在每一幅不同画面中也应灵活把握。

　　1. 钢笔线稿

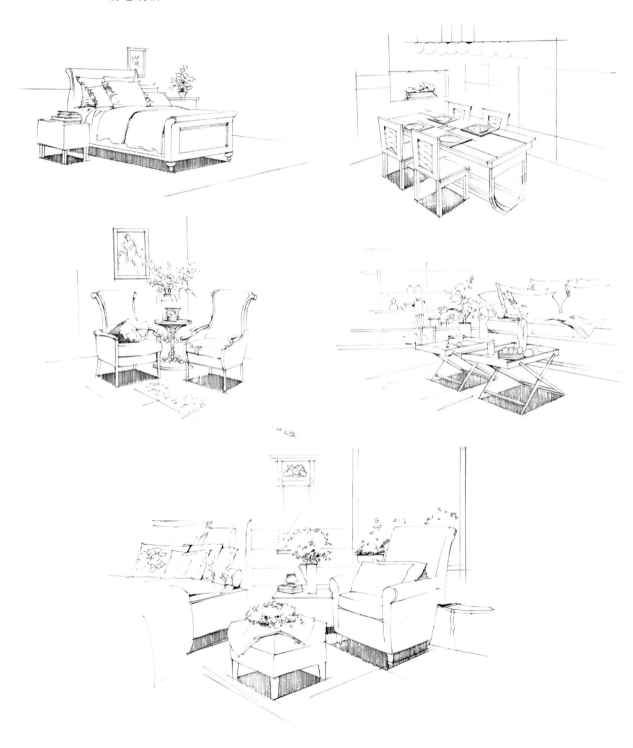

2. 铅笔线稿

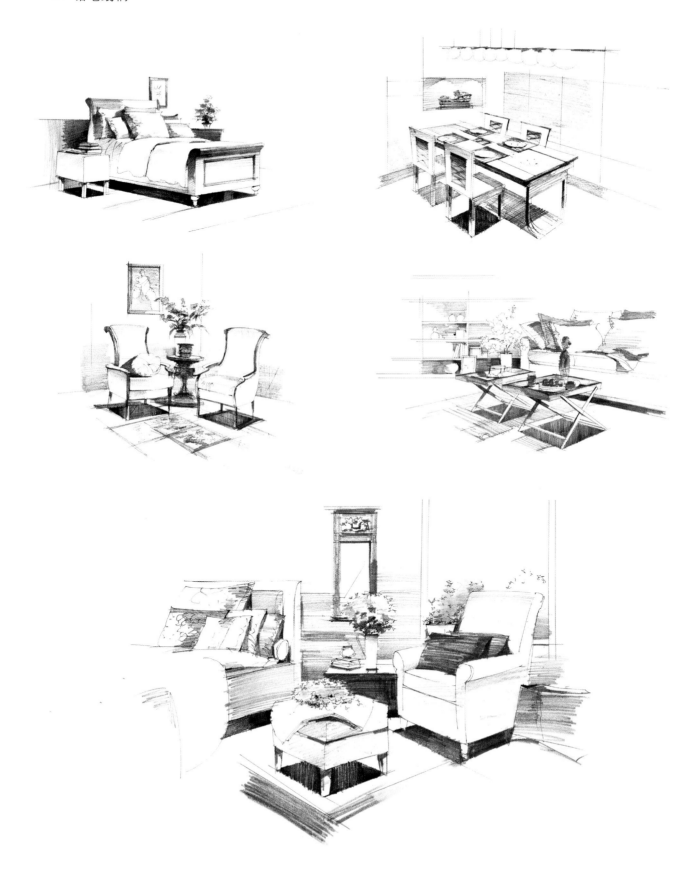

3. 彩色效果图

柏 影

第三节　局部表现

　　手绘效果图中局部的表现和细节的刻画也是非常重要的，好的局部表现可以给整幅手绘效果图增添很多的"色彩"，起到提神的作用。

　　1. 钢笔线稿

2．铅笔线稿

第四节　人物的配景

　　人物的配景可以丰富手绘效果图的画面效果，烘托气氛，增加透视。在室内空间的手绘效果图中，人为空间在尺度方面能够给予足够的参考。人物配景还能够丰富画面的色彩，起到点睛的作用。

1. 钢笔线稿

2. 铅笔线稿

3. 彩色效果图

第五节　植物配景

　　植物配景在室内空间手绘效果图中出现的频率也很高。植物的种类繁多，作为室内空间配景的植物，首先要了解室内空间的表现意图，作为烘托室内空间氛围的植物要和空间有机地联系在一起，在着色时也要考虑植物的季节特点以及整个画面的色彩关系。总的来说，植物配景一方面可以丰富画面的效果，另一方面也能够给画面带来一定的活力。

　　自然界中的植物是多种多样的，我们在画植物之前应该对植物的姿态和结构作大致的了解，这样才能做到动笔心中有数。

　　在画钢笔线稿时，可以先勾勒出植物的轮廓，分出明暗关系，线稿要为上色留有一定的余地，在上色时也应注意颜色的过渡和明暗面的结合。

　　1. 钢笔线稿

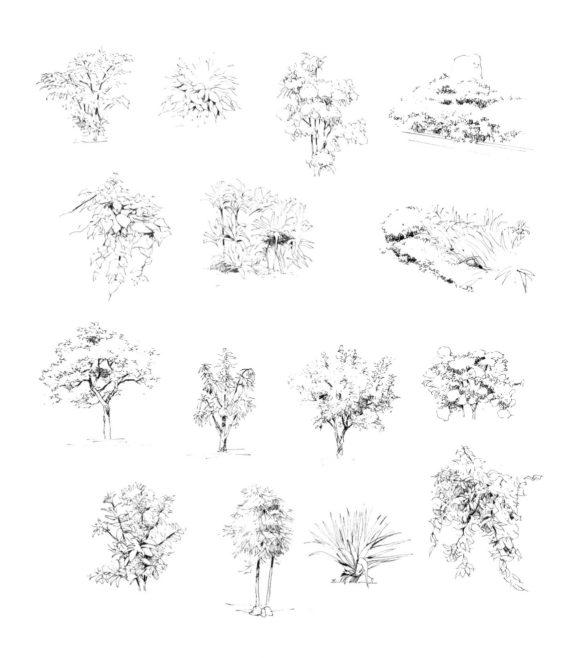

2. 铅笔线稿

3. 彩色效果图

第六节　水景

　　水景是手绘效果图配景的组成部分，在室内中庭或者是室内空间与室外空间衔接的部分可以有所体现。

1．钢笔线稿

2．彩色效果图

第七节　案例鉴赏

作品的水质表现非常生动传神，水流的前后关系处理得也比较得当，充分地表现出作者的设计意图。

床的表现

植物花卉在空间中的搭配

家具的表现

灯具的表现

小饰品的表现

第五章

手绘效果图的
运用

第一节　构思　（设计分解图，即分析空间的设计元素等）

　　优秀的手绘效果图往往离不开精密的构思和精彩的表现形式，对于设计师来说，将瞬间的灵感记录在纸上其实就是构思的过程，构思可以说是手绘效果图承前启后的一个环节，是手绘效果图的灵魂。构思巧妙往往也决定着手绘效果图的精彩程度。

　　手绘效果图是表达设计师构思的重要手段之一。通过手绘效果图中点、线、面的合理运用和结合，把每一个室内空间的构思表现在画面，成为沟通的有力桥梁。当然，优秀的手绘效果图也是设计师努力、实践和总结的回报，设计师的设计修养也是很重要的。

　　下面我们通过一些效果图来学习优秀的手绘效果图是怎样进行构思的。

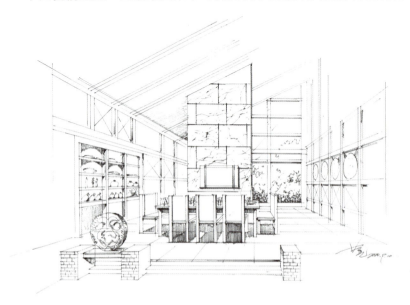

　　挑高的空间给居住者提供了良好的居住环境，倾斜的屋顶也给人不同的视觉和知觉体验，空间的节奏、韵律以及重点部位的表达都体现了作者的人文主义关怀。电视背景墙也给空间增添大气的感觉。

第五章　手绘效果图的运用

幔帐柔化了室内空间，增加了空间的质感对比，活跃空间氛围，给室内空间增添了很多感觉。画面传达古典怀旧的气氛，富有一定的视觉效果。

这是客厅的手绘效果图，电视背景墙和沙发背景墙相互呼应，层次分明。大块的落地玻璃淡化了室内和室外的边际，也将室外的自然景观引入室内，达到人与自然相和谐的效果。

画面中吊顶传达了古典主义色彩。

这是中式客餐厅的手绘效果图，家具和电视背景墙中中山式元素的运用使空间具有较强的文化性。

第二节　表现（精彩细节详图）

　　手绘效果图的表现与传统绘画不同，在表现技法上有自己的特点，设计师可以根据自己的设计意图来进行画面构图，空间效果应结构清晰、透视准确、空间感强，在色彩方面往往具有明快的色彩关系，给人赏心悦目的效果，便于沟通。

　　完成一幅优秀的手绘效果图，首先是前期准备。手绘效果图最重要的是能方便快捷地表现设计者的想法。

　　范例一：

　　步骤一：在手绘效果图表现之前应先做好平面方案，并找好合适的透视角度。恰当的透视角度往往对表现空间的重点、渲染空间的效果和意境以及作者设计意图的表达都有很重要的作用。

　　在画正式的手绘线稿之前，也可以先多画一些小草图，小草图可以便于绘图者更好地找寻最佳角度。之后可以绘制线稿，线稿往往体现绘图者的基本功，线稿要求空间比例结构恰当，透视清晰，线条流畅，为了更好地上色也可以加进一定的明暗关系。这一步的线条应落笔肯定，切忌拖泥带水。

　　步骤二：在正式上色前应明确整个画面的色调，做到意在笔先，应作好准备再进行上色。首先可以先从同色系同材质的家具或界面开始，铺好大的色彩关系。可以利用同一色系不同层次的叠加进行形体塑造。

　　步骤三：这部分是对步骤二的进一步完善和刻画，对室内空间、沙发、植物和阴影等进行进一步着色，重点刻画所要表现的内容，往往一层颜色很难表现和突出物体的形体和结构变化，这就要求通过叠加达到想要的效果，在叠加色彩方面可以先叠加浅色，之后是暗色，当然在色彩不断叠加的过程中积累经验，往往暖色和冷色的叠加容易让画面变脏。此部分内容应注意空间感的营造，突出细节，丰富色彩。

　　步骤四：对整个画面进行最后的调整，统一整个画面，并对物体的细节进行最终的深入刻画。如界面，光影，增加空间的空间感和层次，对重点表现部位进行最终刻画，使画面有虚实节奏的变化。

步骤一

步骤二

步骤三

步骤四

范例二：公共空间中庭表现

步骤一：

用铅笔加直尺画出公共空间中庭的线稿，这部分要注意构图合理，突出表现主体，室内空间的结构应严谨、准确。

步骤二：

用水彩调出合适的颜色，薄薄地罩上一层。

步骤三：

先整体后局部，继续深入，这一步会突出刻画细节。

步骤四：

根据作图者的表现意图作整体调整以及深入刻画，最后用勾线笔勾出重要结构，切记要注意画面的虚实变化。

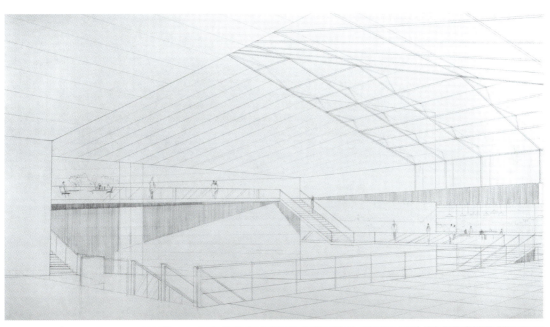

步骤一

步骤二

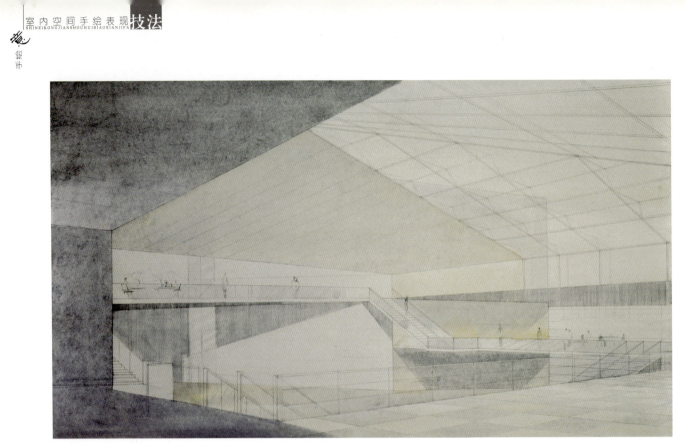

步骤三

步骤四

第三节　案例鉴赏

一、客厅表现步骤图

二、主卧表现步骤图

三、客卧表现步骤图

四、休闲室表现步骤图

五、卫浴空间表现步骤图

六、水彩表现

在每个人的生活中，家都是非常重要的。下面介绍的是对居住空间各功能区的具体手绘效果图表现。

第一节　客厅

客厅是居住空间的重要组成部分，主要以会客、团聚、娱乐消遣等家庭的公共活动为主要功能。很多居住空间中的客餐厅也会连在一起。客厅的功能有如此重要的作用，那么客厅的装饰也为整个空间奠定了较重要的基调，对整个居住空间的影响也是很大的。可以看出做好客厅是居住空间的关键。

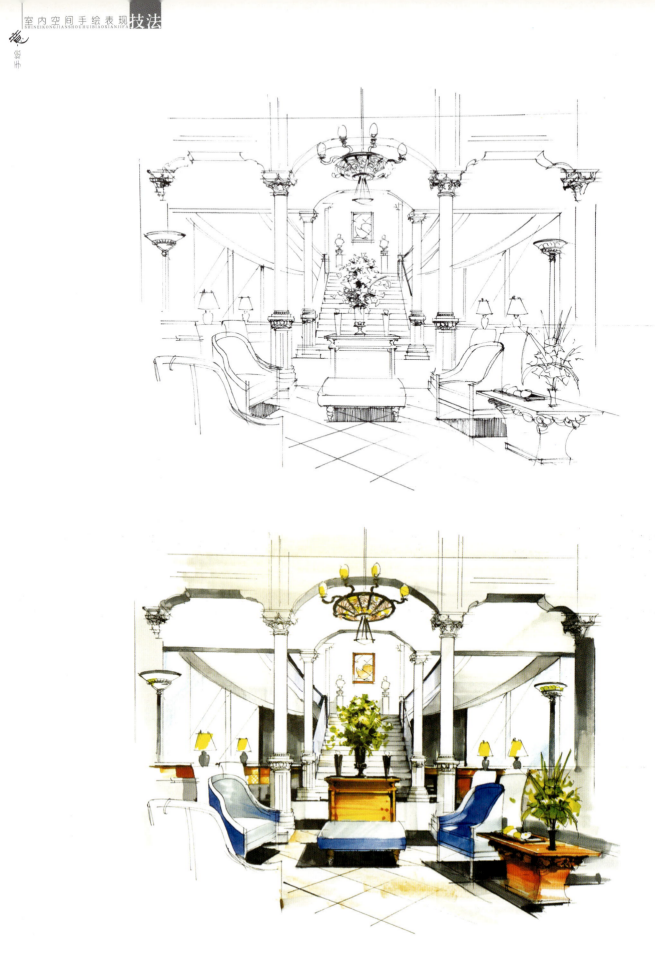

第二节　餐厅

　　现代居住空间中，餐厅正成为主人活动的重要场所。环境好的餐厅既可以营造舒适的就餐环境，又会给居住空间增色添彩。因此，在我们用手绘效果图表现餐厅时，应更多地考虑空间的大小、光线、用餐氛围等因素。注意餐桌、餐椅和餐边桌的摆放布置与餐厅的空间协调，达到一个便利整洁、安静舒适、光线柔和、色彩素雅的效果。

　　下面从餐厅的空间位置和空间布局等方面对餐厅的设计进行剖析。

　　餐厅的位置和空间布局至关重要，可以为我们营造一个亲切、和谐、淡雅的家庭氛围。餐厅可以靠近厨房，也可以是单独的空间，亦可以与客厅形成客餐厅，比如以轻质隔断或家具分割或相对独立的用餐空间。

　　为节省和充分利用餐厅的空间，在起居室中设餐桌椅，或在厨房中设小型餐桌，即"厨餐一体"，厨餐合一时不必单独设置餐厅，当周末节日用餐或亲友来用餐时，可在起居室中布置桌椅用餐。

第三节　主卧

　　主卧是主人的私密空间，也是整个家居中最为温馨和恬静的空间，给人一个温馨、自然、利于睡眠的空间氛围。

　　为达到恬静、温馨的氛围，可以从主卧的位置、空间布局、面积大小、色彩、材质等方面进行主卧室的设计。

　　为达到私密效果，主卧以位于居住空间平面布局的近端为宜，也可外侧通向阳台，使其有一个与室外环境交流的场所。

　　在一个主卧室中，床位以布置于房间的尽端或一角为宜，除布置床头柜、衣橱、休息椅等必备家具以外，可视面积大小和主人使用要求设置梳妆台、工作台等家具。

　　卧室的用材，地面以木地板为宜，墙面可用乳胶漆，墙纸或部分用软包装饰，平顶宜简捷。

　　卧室的色彩以淡雅为宜，色彩的明度可稍低于起居室，而床罩、窗帘、桌布、靠垫等室内软装饰可依据卧室的实际情况以及主人的喜好选择适宜的材质、花饰等，以烘托恬静、温馨的睡眠空间氛围。

第四节 客卧

　　客卧作为居住空间的次要成员居住，尺度上一般小于主卧，家具和陈设也比较简单。可用于卧室、客房或者佣人室等。

第五节　儿童房

　　由于儿童的年龄、性别不同，故儿童房的功能设计及装饰方法可根据男孩、女孩的喜好、性格、生活习惯及所受教育的差异而定，学龄前的儿童和上学后的儿童对儿童房的要求也有所不同。设计师可依据儿童所受教育的不同阶段对儿童房进行细心的打造，从而渲染和营造适合不同儿童舒心、合适的氛围。

第六节　书房

　　不同的需求对书房的功能要求也不尽相同。除了做好需要设计之外，还应根据辅助使用要求设计出更为人性化的书房。现代居住空间中书房除了涵盖读书、学习功能之外，也外延扩充了其他功能，如临时客房、休闲区、饮茶区或者棋牌室等。

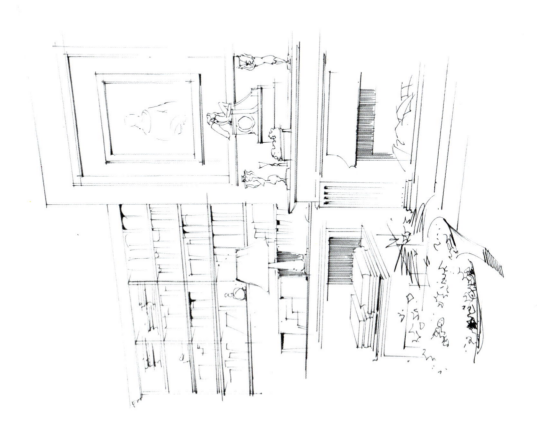

第七节 更衣室

现代的生活方式使更衣室越来越重要，更衣室也越来越多地出现在人们的家居生活中。

第八节　厨房

　　厨房是居住空间的重要组成部分之一，往往主人对厨房设计的要求也非常高。除了为厨房创造一个洁净、明亮、便于操作、通风良好的氛围外，厨房应有对外开窗，方便直接采光与通风，并且门以玻璃推拉门设计为主，视觉上达到井井有条、愉悦明快的感觉。

　　伴随着社会的发展，越来越多的家电产品进入了千家万户，因此，厨房内设施、用具的布置对节省空间、合理利用空间起到了举足轻重的作用，多数厨房设计采用"一""L""U"形等布局。

　　在厨房的具体设计中，应多考虑用具的设施、材质、光线等因素。厨房应考虑防水和易清洗，地面采用陶瓷类同质地砖为佳，墙面用防水涂料或面砖，平顶以白面防水涂料即可，照明应注意灯具的防潮处理，在排油处应设置灶台的局部照明。

第九节　卫生间

　　卫生间是家庭中处理个人卫生的空间，主要功能以便溺、洗浴、盥洗、洗衣为主，有些居住空间中的卫生间还包括化妆间的功能，往往与卧室的位置靠近，且同样具有较高的私密性。随着人们生活水平的提高，有多个居住空间时有多个卫生间也很正常，如主人卫生间和公共卫生间。

作者：刘超

第十节　案例鉴赏

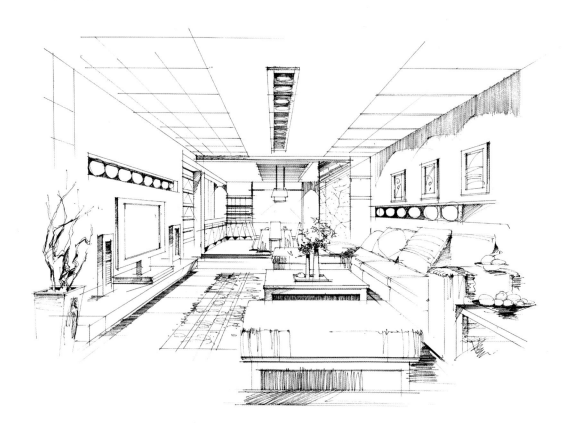

作者：柏影

作者：陈文光　学生作品

作者：陈文光　学生作品

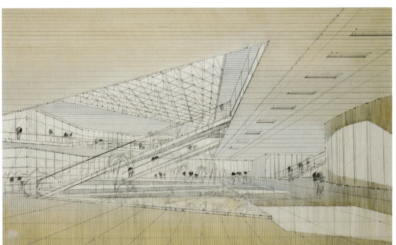

总统故居1

总统故居2

总统故居3

总统故居4

总统故居5

总统故居6

总统故居7